Umweltnotfall

Für eine nachhaltige und belastbare Zukunft

Von

Emmanuel Benoit

Danke

Dieses Buch ist das Ergebnis einer leidenschaftlichen und gemeinsamen Anstrengung, die ohne die Unterstützung und Inspiration vieler Menschen niemals Wirklichkeit geworden wäre. Allen, die mich während dieses Projekts ermutigt haben, spreche ich meinen tiefsten Dank aus.

Zunächst möchte ich meinen Liebsten danken, die mich mit unendlicher Geduld unterstützt und an die Bedeutung dieses Buches geglaubt haben, seit den allerersten Worten. Ihre unerschütterliche Unterstützung war eine stetige Quelle der Motivation.

Ein besonderer Dank gilt den Leserinnen und Lesern, Aktivistinnen und Aktivisten sowie Verfechterinnen und

Verfechtern der Umweltbewegung. Danke für euer unermüdliches Engagement und eure Taten, die ein wachsendes Bewusstsein widerspiegeln. Ihr seid die Stimme einer nachhaltigen Zukunft, und eure Bemühungen zu beobachten, hat mir die Kraft gegeben, dieses Projekt zu vollenden.

Abschließend möchte ich jedem Leser und jeder Leserin dieses Buches danken. Eure Neugier, Offenheit und Hingabe an die Zukunft sind die ersten Schritte zu Veränderung. Ich hoffe, dass diese Seiten euch dazu inspirieren, aktiv zu werden und eure Stimme für eine Welt zu erheben, die unsere Umwelt und alle Lebensformen, die sie beherbergt, respektiert.

Mit Dankbarkeit und Hoffnung für die Zukunft,
Emmanuel B

Prolog

Die Geschichte des Klimas und unsere Beziehung zur Natur

Im Anfang war die Erde ein Schauplatz zyklischer und natürlicher Klimaveränderungen.

Lange bevor der Mensch erschien, durchlief unser Planet Eiszeiten und Erwärmungsphasen, angetrieben durch kosmische und geophysikalische Kräfte. Tektonische Platten verschoben sich, Vulkane brachen aus, und Meteoriten schlugen ein. Diese Ereignisse formten Geografie, Klima und sogar Artenvielfalt. Diese natürlichen Wandlungszyklen waren essenziell für die Entstehung der Welt, wie wir sie heute kennen. Doch die aktuelle Klimakrise unterscheidet sich

grundlegend: Sie ist das Ergebnis menschlicher Aktivitäten –
ein neues Phänomen in der Geschichte der Erde.

**In prähistorischen Zeiten waren Menschen lediglich
Bewohner unter vielen anderen**
auf diesem riesigen Planeten. Sie lebten inmitten einer
üppigen Fauna und Flora und im Einklang mit ihrer Umwelt.
Frühmenschen nutzten natürliche Ressourcen in begrenzter
und respektvoller Weise, ähnlich wie andere Tiere. Jäger und
Sammler der Urzeit passten ihren Lebensstil an die
Jahreszeiten, Tierwanderungen und lokale Klimavariationen
an. Ihr ökologischer Fußabdruck war minimal, da ihre Existenz
auf einer Symbiose mit der Natur basierte. Boden, Wälder
und Wasser galten nicht nur als Ressourcen, sondern als
heilige Elemente, als Quellen des Lebens.

**Vor etwa 10.000 Jahren markierte die neolithische
Revolution eine entscheidende Wende.**

Menschen wurden zu Bauern und Viehzüchtern, lernten, Pflanzen und Tiere zu domestizieren und die Umwelt an ihre Bedürfnisse anzupassen. Dieser Paradigmenwechsel ermöglichte die Entstehung der ersten Zivilisationen und den Übergang zum sesshaften Leben. Der Anbau von Weizen, Reis und Mais sowie die Ausweitung der Landwirtschaft prägten diese Epoche. Menschen veränderten Böden, rodeten Wälder, bewässerten Felder und beeinflussten erstmals Ökosysteme. Obwohl diese Eingriffe damals noch bescheiden waren, könnten Brandrodungen als erste Anzeichen menschlichen Einflusses auf das Klima gelten.

Die industrielle Revolution im 18. Jahrhundert führte zu einem weitaus tieferen Bruch
in der Beziehung des Menschen zur Natur. Mit der Erfindung der Dampfmaschine und der Nutzung fossiler Brennstoffe – zunächst Kohle, später Öl und Gas – begann ein Zeitalter rasanten Wirtschaftswachstums, technologischen Fortschritts

und steigenden Ressourcenverbrauchs. Fabriken spuckten Rauch aus, Züge pfiffen, und Maschinen veränderten Produktion und Alltag. Die Natur, einst als Verbündete betrachtet, wurde zu einer Ressource, die scheinbar grenzenlos ausgebeutet werden konnte. Wälder wurden in nie dagewesenem Tempo abgeholzt, Flüsse zur Versorgung von Industrien umgeleitet, und Minen wuchsen, um die wertvollen Metalle des neuen Zeitalters zu fördern.

Mit der Industrialisierung stiegen die CO_2-Emissionen, was allmählich die Zusammensetzung der Atmosphäre veränderte. Zu jener Zeit waren die Auswirkungen dieser Transformationen auf das globale Klima noch unbekannt. Wirtschaftliches Wachstum galt als Zeichen von Fortschritt und Wohlstand. Doch schon damals kritisierten erste Stimmen die verheerenden Folgen dieser massiven Ausbeutung: verschmutzte Flüsse, schwarzer Rauch über den Städten und das Verschwinden von Tier- und Pflanzenarten.

Die 1950er-Jahre läuteten die Ära des Massenkonsums ein.
Technologischer Fortschritt beschleunigte sich weiter mit der
Massenproduktion von Konsumgütern, der Erfindung neuer
Materialien wie Plastik und der Demokratisierung des
privaten Autos. Die Konsumgesellschaft setzte sich durch und
brachte eine Sichtweise mit sich, in der die Natur als
unerschöpfliche Ressource betrachtet wurde. Sparsamkeit
und Bescheidenheit, einst generationenübergreifende Werte,
wurden durch Überkonsum und Verschwendung ersetzt.
Kohlenstoff sammelte sich weiter in der Atmosphäre, Plastik
häufte sich in den Ozeanen an, und Wälder wichen
intensivierter Landwirtschaft und Viehzucht.

In den 1970er-Jahren äußerten Wissenschaftler erstmals
Besorgnis über eine mögliche globale Erwärmung.
James Hansen und andere Klimatologen der NASA
veröffentlichten Studien, die eine Verbindung zwischen
menschlichen Aktivitäten und steigenden globalen

Temperaturen zeigten. Das Konzept des Treibhauseffekts rückte in den Fokus wissenschaftlicher und öffentlicher Diskussionen. Zum ersten Mal entstanden Umweltbewegungen, die die Öffentlichkeit vor den Gefahren von Umweltverschmutzung und Zerstörung warnten. Gesetze wurden erlassen, um Luft, Wasser und bedrohte Arten zu schützen. Doch das Modell des kontinuierlichen Wachstums und der Abhängigkeit von fossilen Brennstoffen hielt an.

In den folgenden Jahrzehnten häuften sich die Beweise. Gletscher schmolzen, Jahreszeiten verschoben sich, und extreme Wetterereignisse nahmen zu. 1992 forderte der Erdgipfel von Rio die Nationen auf, Maßnahmen zur Reduzierung von CO_2-Emissionen zu ergreifen, doch konkrete Aktionen blieben unzureichend. 2015 markierte das Pariser Abkommen einen historischen Schritt mit dem Ziel, die globale Erwärmung auf weniger als 2°C über dem vorindustriellen Niveau zu begrenzen, idealerweise auf 1,5°C.

Doch wirtschaftliche und politische Interessen gefährdeten häufig die eingegangenen Verpflichtungen.

Heute stehen wir an einem kritischen Scheideweg.
Die Klimakrise zwingt uns, unsere Lebensweise, unsere Beziehung zur Natur und unseren Platz im Ökosystem der Erde neu zu überdenken. Wir erkennen, dass wir nicht über der Natur stehen, sondern ein Teil von ihr sind. Jede Spezies, jeder Baum, jeder Ozean und jeder Fluss spielt eine Rolle im empfindlichen Gleichgewicht, das das Leben auf der Erde aufrechterhält. Zu einer harmonischen Beziehung mit der Natur zurückzukehren, ist nicht nur möglich, sondern notwendig.

Dieses Buch möchte die Klimakrise tiefgreifend untersuchen, ihre Ursachen und Auswirkungen verstehen und zugleich konkrete, kollektive Lösungen aufzeigen. Die Herausforderung ist immens, doch unser Potenzial für

Innovation, Anpassung und Widerstandsfähigkeit ist ebenso groß. Harmonie mit der Erde zu erreichen, wird Opfer und radikale Veränderungen in unserem Verhalten erfordern, doch es ist unerlässlich, um eine nachhaltige Zukunft für kommende Generationen zu schaffen.

Dieses Buch ist ein Aufruf zum Handeln,
eine Reise durch die Geschichte des Klimas und eine Einladung, unsere Zukunft neu zu denken. Es ist an der Zeit, sich eine Welt vorzustellen, in der Mensch und Natur im Gleichgewicht koexistieren, in der Fortschritt und Respekt Hand in Hand gehen und in der jede noch so kleine Handlung dazu beiträgt, das Leben auf unserem Planeten zu bewahren.

Kapitel 1

Die Wissenschaft des Klimas und die
Auswirkungen menschlicher Aktivitäten

Die Erde ist ein lebendiger Planet, ein komplexes und miteinander verbundenes System, in dem Atmosphäre, Ozeane, Böden und die Biosphäre (die Gesamtheit aller lebenden Organismen) ständig interagieren. Die Klimawissenschaft zu verstehen bedeutet, zu begreifen, wie diese Elemente zusammenwirken, um die globale Temperatur zu regulieren, Wärme zu verteilen und Bedingungen aufrechtzuerhalten, die das Leben ermöglichen. In diesem Kapitel werden wir die Grundlagen der Klimawissenschaft untersuchen und den massiven Einfluss menschlicher

Aktivitäten analysieren, der das natürliche Gleichgewicht in beispielloser Geschwindigkeit verändert hat.

1.1 Das Klimasystem der Erde

Das Klima der Erde wird von mehreren natürlichen Faktoren beeinflusst. Der Planet erhält Energie von der Sonne, hauptsächlich in Form von sichtbarem und ultraviolettem Licht. Ein Teil dieser Energie wird von Wolken, Eis und hellen Oberflächen ins All zurückgestrahlt. Der Rest wird von der Atmosphäre und der Erdoberfläche absorbiert, die sich erwärmen und diese Energie als Infrarotstrahlung (Wärme) wieder abstrahlen. Die Aufgabe des Klimasystems besteht darin, ein Gleichgewicht zwischen der einfallenden Energie und der ins All abgegebenen Energie aufrechtzuerhalten.

In der Atmosphäre halten bestimmte Gase – die sogenannten Treibhausgase (THG) – diese Wärme zurück und verhindern, dass sie vollständig ins All entweicht. Ohne diese Gase läge die durchschnittliche Temperatur der Erde bei etwa -18 °C, was Leben unmöglich machen würde. Doch die steigenden Konzentrationen dieser Gase verstärken die Wärmerückhaltung in der Atmosphäre und stören das natürliche Gleichgewicht. Diese überschüssige Wärme, bekannt als zusätzlicher Treibhauseffekt, ist die treibende Kraft hinter der aktuellen globalen Erwärmung.

1.2 Treibhausgase (THG) und ihre Auswirkungen

Die Haupttreibhausgase sind Kohlendioxid (CO_2), Methan (CH_4), Distickstoffmonoxid (N_2O) und fluorierte Gase (HFCs, PFCs). Diese Gase unterscheiden sich in ihrer Lebensdauer in der Atmosphäre und ihrem Treibhauspotenzial (GWP), das ihre Fähigkeit misst, Wärme im Vergleich zu CO_2 zu speichern (CO_2 hat ein GWP von 1).

- **Kohlendioxid (CO_2):**
  Hauptsächlich durch die Verbrennung fossiler

Brennstoffe (Kohle, Öl, Gas) für Energie, Transport und Industrie freigesetzt, ist CO_2 das häufigste THG. Obwohl sein GWP relativ niedrig ist, machen seine hohe Konzentration und seine Lebensdauer von Jahrhunderten es zum Haupttreiber der globalen Erwärmung.

- **Methan (CH_4):**
Methan entsteht durch landwirtschaftliche Aktivitäten (insbesondere Viehzucht), Deponien und die Förderung fossiler Brennstoffe. Sein GWP ist etwa 25-mal höher als das von CO_2 über einen Zeitraum von 100 Jahren, obwohl es eine kürzere Lebensdauer (ca. 12 Jahre) hat. Methan trägt erheblich zur kurzfristigen Erwärmung bei.

- **Distickstoffmonoxid (N_2O):**
Dieses Gas wird hauptsächlich durch

landwirtschaftliche Praktiken (Stickstoffdünger) und einige industrielle Aktivitäten freigesetzt. Mit einem GWP von 298 ist es extrem wirksam, aber weniger verbreitet. Es bleibt etwa 114 Jahre in der Atmosphäre und verlängert dadurch die Erwärmungseffekte.

- **Fluorierte Gase:**
  Diese Gase werden in der Kühlung, in Lösungsmitteln und in bestimmten Industrien verwendet. Sie haben extrem hohe GWPs (manchmal tausendfach höher als CO_2) und lange Lebensdauern. Obwohl ihre Konzentrationen niedrig sind, ist ihr Einfluss unverhältnismäßig groß.

1.3 Der Kohlenstoff-Fußabdruck menschlicher Aktivitäten

Der Kohlenstoff-Fußabdruck der Menschheit spiegelt die durch menschliche Aktivitäten erzeugten THG-Emissionen wider. Diese Emissionen variieren je nach Sektor und tragen unterschiedlich zur globalen Erwärmung bei.

- **1.3.1 Energieproduktion:**

  Die Energieproduktion, insbesondere durch fossile Brennstoffe, macht fast 35 % der globalen CO_2-Emissionen aus. Kohle-, Gas- und Ölkraftwerke dominieren die globale Energielandschaft. Obwohl erneuerbare Energien wie Solar- und Windkraft an Bedeutung gewinnen, bleibt der Übergang zu sauberer Energie eine enorme Herausforderung, insbesondere in Entwicklungsländern.

- **1.3.2 Transport:**

  Der Verkehrssektor ist ein weiterer großer Verursacher und für 14 % der globalen THG-Emissionen verantwortlich. Fahrzeuge mit fossilen Brennstoffen – Autos, Lastwagen, Schiffe und Flugzeuge – emittieren hauptsächlich CO_2 sowie in einigen Fällen Methan und Stickoxide.

- **1.3.3 Landwirtschaft und Landnutzung:**
  Landwirtschaft und Abholzung tragen 24 % der globalen THG-Emissionen bei, hauptsächlich durch Methan (Viehzucht und Reisanbau), Distickstoffmonoxid (Stickstoffdünger) und CO_2 (Abholzung für landwirtschaftliche Flächen).

- **1.3.4 Industrie:**
  Industrieaktivitäten, einschließlich der Produktion von Zement, Stahl, Chemikalien und Kunststoff, erzeugen etwa 21 % der globalen Emissionen.

- **1.3.5 Abfall- und Abwasserwirtschaft:**
  Deponien und Abwasseranlagen emittieren Methan und Distickstoffmonoxid.

1.4 Klimarückkopplungen

Rückkopplungsschleifen können die Auswirkungen der globalen Erwärmung verstärken oder abschwächen.

- **Eisschmelze und Albedo-Reduktion:** Schmelzendes Eis verringert die Reflexion von Sonnenenergie, wodurch mehr Wärme absorbiert wird.

- **Methanfreisetzung aus Permafrost:** Auftauender Permafrost setzt Methan und CO_2 frei, was die Erwärmung weiter verstärkt.

Kapitel-Fazit

Die Klimawissenschaft liefert eine klare Diagnose: Menschliche Aktivitäten stören das natürliche Klimagleichgewicht der Erde. Emissionen aus unserem Entwicklungsmodell erhöhen die globalen Temperaturen und verursachen Kaskadeneffekte. Nur durch ein tiefgreifendes

Verständnis können Lösungen gefunden und ein nachhaltigerer Weg eingeschlagen werden.

Kapitel 2

Die Auswirkungen der Erwärmung – eine globale und lokale Perspektive

Globale Erwärmung: Globale Ursachen, lokale Auswirkungen

Die globale Erwärmung, obwohl durch weltweite Ursachen ausgelöst, zeigt sich in verschiedenen Regionen, Ökosystemen und menschlichen Gemeinschaften unterschiedlich. In diesem Kapitel beleuchten wir die Auswirkungen der globalen Erwärmung auf planetarer Ebene und in lokalen Kontexten. Die Erwärmung bedeutet nicht nur einen Anstieg der Temperaturen; sie stört Klimamuster, verändert

Wasserkreisläufe, bedroht die Biodiversität und verschärft soziale Ungleichheiten. Mit jedem zusätzlichen Grad der Erwärmung werden kritische Schwellenwerte überschritten, wodurch Risiken für die Stabilität von Ökosystemen und die Sicherheit der Bevölkerung zunehmen.

2.1 Die globalen Auswirkungen des Klimawandels

2.1.1 Steigende globale Durchschnittstemperaturen

Seit Beginn der industriellen Ära sind die globalen Durchschnittstemperaturen um mehr als 1 °C gestiegen. Prognosen zeigen mögliche Temperaturanstiege zwischen 1,5 °C und 5 °C bis zum Ende des Jahrhunderts, abhängig von den Emissionsszenarien.

Extreme Temperaturen treten häufiger und intensiver auf. So verursachte beispielsweise die Hitzewelle 2003 in Europa etwa 70.000 Todesfälle. Solche Hitzewellen, einst seltene Ereignisse, sind heute häufiger und stellen eine zunehmende Gefahr für die Gesundheit und die Infrastruktur dar, die nicht für solche Bedingungen ausgelegt ist.

2.1.2 Steigende Meeresspiegel

Eine der sichtbarsten und potenziell katastrophalsten Folgen des Klimawandels ist der Anstieg des Meeresspiegels. Er wird durch das Schmelzen von Gletschern und Eisschilden (hauptsächlich in Grönland und der Antarktis) sowie die thermische Ausdehnung des Wassers verursacht. Der Meeresspiegel steigt derzeit mit einer Rate von etwa 3,3 mm pro Jahr, wobei diese Geschwindigkeit zunimmt.

Küstenregionen und niedrig gelegene Inseln, auf denen etwa 600 Millionen Menschen leben, sind besonders bedroht. Städte wie Miami, New York, Tokio, Jakarta und Bangkok sind stark gefährdet. Setzt sich dieser Anstieg fort, könnten viele

Gebiete unbewohnbar werden, Millionen Menschen müssten umgesiedelt werden, und es könnten beispiellose humanitäre Krisen entstehen.

2.1.3 Ozeanversauerung und Erwärmung

Die Ozeane nehmen einen erheblichen Teil des atmosphärischen Kohlendioxids auf und tragen so dazu bei, die globale Erwärmung abzumildern. Diese Aufnahme führt jedoch zur Versauerung der Ozeane, die marine Ökosysteme beeinträchtigt. Der pH-Wert der Ozeane ist seit der Industrialisierung um 0,1 Einheiten gesunken, was einer Zunahme der Säure um 30 % entspricht.

Diese Veränderung schädigt marine Organismen wie Korallen und Mollusken, deren Schalen in saurerem Wasser zerfallen. Gleichzeitig führen steigende Oberflächentemperaturen zu Korallenbleiche und zwingen Arten, in kühlere Gewässer zu migrieren, wodurch marine Nahrungsketten gestört werden.

2.2 Auswirkungen auf natürliche Ökosysteme

2.2.1 Rückgang der Biodiversität

Die globale Erwärmung ist ein Haupttreiber des Biodiversitätsverlusts. Sie verändert natürliche Lebensräume und zwingt Arten, sich schneller anzupassen, als es viele können. Besonders empfindliche Ökosysteme wie Korallenriffe, tropische Wälder, Feuchtgebiete und hochgelegene Regionen sind besonders gefährdet.

2.2.2 Veränderte Niederschlagsmuster und Dürren

Erwärmung beeinflusst Niederschlagsmuster, wodurch einige Regionen feuchter und andere trockener werden. Diese Veränderungen erhöhen die Häufigkeit und Intensität von Dürren und Überschwemmungen.

2.2.3 Migration von Arten und Verlust von Ökosystemen

Arten migrieren in kühlere Regionen, um der Erwärmung zu entkommen, was die Zusammensetzung von Ökosystemen verändert. Arten, die sich nicht anpassen können, sind vom Aussterben bedroht.

2.3 Auswirkungen auf menschliche Gesellschaften

2.3.1 Bedrohungen für die menschliche Gesundheit

Hitzewellen erhöhen die Risiken für Dehydrierung, Hitzeschläge und Herz-Kreislauf-Probleme, insbesondere bei älteren Menschen, Kindern und chronisch Kranken.

2.3.2 Nahrungssicherheit und Ressourcenknappheit

Die landwirtschaftliche Produktion ist stark von stabilen Klimabedingungen abhängig. Extreme Wetterereignisse,

Dürreperioden und Temperaturschwankungen beeinträchtigen die Ernten und bedrohen die globale Nahrungsmittelsicherheit.

2.3.3 Klimamigration und politische Instabilität

Der Anstieg des Meeresspiegels, Dürren und Naturkatastrophen führen zu Bevölkerungsverschiebungen. Klimamigration belastet Infrastrukturen in aufnehmenden Regionen und verschärft geopolitische Spannungen.

2.4 Fallstudien: Lokale Auswirkungen des Klimawandels

2.4.1 Pazifische Inseln und steigende Meeresspiegel

Kleine Inselstaaten wie Kiribati, die Malediven und Tuvalu sind besonders gefährdet.

2.4.2 Waldbrände in Kalifornien und Australien

Die Intensität und Häufigkeit von Waldbränden hat in diesen Regionen drastisch zugenommen.

2.4.3 Überschwemmungen in Südasien

Länder wie Bangladesch und Indien erleben verheerende Überschwemmungen, die Millionen Menschen betreffen.

Kapitel-Fazit

Die globale Erwärmung wirkt sich weltweit aus, zeigt jedoch je nach Region unterschiedliche Gesichter. Die vielfältigen Bedrohungen – wirtschaftlich, gesundheitlich und sozial – machen die Dringlichkeit der Klimakrise deutlich. In den folgenden Kapiteln werden wir Lösungen und Strategien untersuchen, um diesen Herausforderungen zu begegnen und eine nachhaltigere Zukunft zu schaffen.

Kapitel 3

Die Energieherausforderung und die globale Transformation der Ressourcen

Die Energiefrage: Im Herzen der Klimaherausforderung

Seit Beginn der industriellen Ära haben menschliche Gesellschaften ihre Entwicklung auf die massive Nutzung fossiler Energiequellen wie Kohle, Öl und Erdgas gestützt. Diese Energiequellen, die reichlich vorhanden und leicht zu erschließen waren, trieben das Wirtschaftswachstum, die Verkehrsentwicklung und die Urbanisierung voran. Doch ihre Verbrennung setzt enorme Mengen an Kohlendioxid (CO_2) und anderen Treibhausgasen (THG) frei, die zur globalen Erwärmung beitragen.

Angesichts der Dringlichkeit der Klimakrise ist heute eine tiefgreifende und schnelle Transformation des globalen Energiesystems unerlässlich. Diese Energiewende erfordert eine drastische Reduzierung der Nutzung fossiler Brennstoffe und deren Ersatz durch erneuerbare Quellen sowie eine Verbesserung der Energieeffizienz und eine Optimierung des Ressourcenverbrauchs. In diesem Kapitel untersuchen wir die Herausforderungen, Hindernisse und Strategien für eine erfolgreiche globale Energiewende.

3.1 Die Rolle fossiler Brennstoffe im aktuellen Energiesystem

3.1.1 Kohle: Ein historischer und umweltschädlicher Brennstoff

Kohle war eine der ersten großflächig genutzten Energiequellen und trieb die industrielle Revolution an. Sie bleibt in vielen Ländern eine zentrale Quelle für die Stromerzeugung. Doch Kohle ist auch einer der umweltschädlichsten Brennstoffe und emittiert große Mengen CO_2 sowie Luftschadstoffe wie Schwefeldioxid (SO_2) und Stickoxide (NOx), die zur Luftverschmutzung und zum sauren Regen beitragen.

Länder wie China, Indien und die USA verlassen sich stark auf Kohle, um ihren Energiebedarf zu decken. Beispielsweise wird in China etwa 60 % des Stroms aus Kohle erzeugt, was das Land zu einem der größten CO_2-Emittenten weltweit macht. Gleichzeitig ist Kohle ein bedeutender Wirtschaftsfaktor in bestimmten Regionen, was ihre Ablösung erschwert.

3.1.2 Öl: Die Energiequelle für Transport und Industrie

Öl ist der weltweit am häufigsten genutzte fossile Brennstoff. Seine hohe Energiedichte macht es ideal für den

Transportsektor, wo es Fahrzeuge, Lastwagen, Flugzeuge und Schiffe antreibt. Öl ist auch ein Grundpfeiler der petrochemischen Industrie und liefert Rohstoffe für die Produktion von Kunststoffen, Chemikalien und anderen Gütern.

Der Transportsektor, der fast 14 % der globalen THG-Emissionen ausmacht, ist besonders stark von Öl abhängig. Obwohl Fortschritte bei der Entwicklung von Elektrofahrzeugen und alternativen Kraftstoffen erzielt wurden, bleibt die Umstellung auf ein nachhaltiges Transportsystem eine große Herausforderung.

3.1.3 Erdgas: Eine weniger schädliche, aber nur vorübergehende Alternative

Erdgas wird oft als „Übergangsbrennstoff" präsentiert, da es bei der Verbrennung etwa 50 % weniger CO_2 als Kohle emittiert. Dennoch ist Erdgas keine nachhaltige Lösung. Es bleibt ein fossiler Brennstoff, der CO_2 und Methan freisetzt – ein besonders potentes Treibhausgas.

3.2 Übergang zu erneuerbaren Energien: Chancen und Herausforderungen

3.2.1 Solarenergie: Potenzial, Fortschritte und Hindernisse

Solarenergie ist eine der vielversprechendsten erneuerbaren Energiequellen. Die rasche Entwicklung der Photovoltaik-Technologie hat die Kosten für Solarenergie erheblich gesenkt, wodurch sie in vielen Ländern wettbewerbsfähig geworden ist.

3.2.2 Windenergie: Reichlich vorhanden, aber variabel

Die Windenergie wächst schnell und hat sich als eine der wettbewerbsfähigsten Energiequellen etabliert. Onshore- und Offshore-Windparks sind weltweit auf dem Vormarsch.

3.2.3 Wasserkraft: Potenzial und Einschränkungen

Wasserkraft ist eine der ältesten und stabilsten erneuerbaren Energiequellen.

3.3 Speicherung und Verteilung erneuerbarer Energien

Der Übergang zu erneuerbaren Energien erfordert innovative Lösungen zur Energiespeicherung, um Schwankungen auszugleichen und die Netze zu stabilisieren.

3.4 Energieeffizienz: Weniger und besser verbrauchen

Energieeffizienz bedeutet, Energie optimal zu nutzen, um Aufgaben mit weniger Ressourcen zu erfüllen.

3.5 Wirtschaftliche, soziale und politische Aspekte der Energiewende

3.5.1 Arbeitsplatzschaffung und Niedergang fossiler Industrien

Die Energiewende bietet Chancen für neue Arbeitsplätze in wachsenden Sektoren wie Solar- und Windenergie.

3.5.2 Energiesouveränität und Versorgungssicherheit

Die Energiewende kann die Abhängigkeit von fossilen Energieimporten verringern und die Energiesouveränität stärken.

Kapitel-Fazit

Die Energiefrage ist monumental, birgt jedoch die Möglichkeit, eine nachhaltigere, gerechtere und widerstandsfähigere Welt zu schaffen. Der Übergang zu erneuerbaren Energien, die Verbesserung der Energieeffizienz und die Reduzierung der Abhängigkeit von fossilen Brennstoffen sind entscheidende Schritte, um die globale Erwärmung zu begrenzen.

Im nächsten Kapitel untersuchen wir, wie naturbasierte Lösungen und nachhaltige Landwirtschaft diese Transformation ergänzen können, um eine klimaneutrale Zukunft zu erreichen

Kapitel 4

Regenerative Landwirtschaft und die Bedeutung der Wiederaufforstung

Landwirtschaft und Landmanagement: Wichtige Verbündete im Kampf gegen den Klimawandel

Landwirtschaft und Landmanagement: Schlüssel im Kampf gegen die globale Erwärmung

Landwirtschaft und Landmanagement stehen im Zentrum des Kampfes gegen die globale Erwärmung. Diese Praktiken tragen nicht nur erheblich zu den Treibhausgasemissionen (THG) bei, sondern bieten auch großes Potenzial zur

Kohlenstoffbindung und zur Wiederherstellung von Ökosystemen. Regenerative Landwirtschaft und Wiederaufforstung sind zwei sich ergänzende Ansätze, die helfen können, Jahrzehnte intensiver Ausbeutung und nicht nachhaltiger Ressourcennutzung zu reparieren.

Die regenerative Landwirtschaft setzt auf Methoden, die die Gesundheit von Böden und Ökosystemen erhalten, wiederherstellen und verbessern. Ziel ist es, die Resilienz der Böden gegenüber Klimaveränderungen zu erhöhen und Kohlenstoff im Boden zu binden. Die Wiederaufforstung hingegen stellt Waldökosysteme wieder her, schafft natürliche Kohlenstoffsenken und schützt die Biodiversität. Dieses Kapitel beleuchtet diese Praktiken und ihr Potenzial, die globale Erwärmung zu bekämpfen.

4.1 Herausforderungen der modernen Landwirtschaft

4.1.1 Industrielle Landwirtschaft und ihre Klimaauswirkungen

Die moderne Landwirtschaft, oft als „industrielle Landwirtschaft" bezeichnet, ist aufgrund des intensiven Einsatzes chemischer Düngemittel, schwerer Mechanisierung, Entwaldung und intensiver Viehhaltung eine bedeutende Quelle von THG-Emissionen. Rund 24 % der globalen THG-Emissionen lassen sich auf Landwirtschaft, Entwaldung und andere Landnutzungsänderungen zurückführen.

Die Emissionen der Landwirtschaft stammen hauptsächlich aus:

- **Methan (CH_4):** Entsteht durch Fermentation in der Tierhaltung (insbesondere Rinder) und beim Reisanbau.

- **Lachgas (N_2O):** Wird aus mit stickstoffbasierten Düngemitteln behandelten Böden freigesetzt.

- **Kohlendioxid (CO_2):** Resultiert aus Entwaldung für die Landwirtschaft, fossilem Brennstoffverbrauch in Maschinen und Landnutzungsänderungen.

4.1.2 Bodendegradation und ihre Folgen

Böden sind eine nicht erneuerbare Ressource und entscheidend für die weltweite Nahrungsmittelproduktion. Intensive Anbaumethoden wie übermäßiges Pflügen, Monokulturen und der starke Einsatz von Chemikalien erschöpfen die Böden und reduzieren ihre Fruchtbarkeit.

4.2 Regenerative Landwirtschaft: Prinzipien und Praktiken

4.2.1 Prinzipien der regenerativen Landwirtschaft

Wesentliche Prinzipien sind:

- **Minimale oder keine Bodenbearbeitung:** Reduziert Störungen und ermöglicht es Böden, mehr Kohlenstoff zu speichern.

- **Dauerhafte Pflanzendecke:** Schützt den Boden vor Erosion, speichert Feuchtigkeit und fördert die mikrobielle Biodiversität.

- **Fruchtwechsel und Vielfalt:** Verbessert die Bodenstruktur und reduziert Schädlinge sowie Krankheiten.

- **Einsatz natürlicher Düngemittel:** Organische Düngemittel wie Kompost bereichern die Böden ohne Verschmutzung.

- **Agroforstwirtschaft und Integration von Vieh:** Bäume und Tiere in das System einzubinden, schafft einen

Kreislauf von Nährstoffen und stärkt die Bodenresilienz.

4.2.2 Regenerative landwirtschaftliche Praktiken

Beispiele sind:

- **Zwischenfrüchte:** Schützen den Boden zwischen Erntezeiten und verbessern dessen Gesundheit.

- **Kompostierung und Biochar:** Kompost verwandelt Abfälle in Nährstoffe, während Biochar Kohlenstoff langfristig bindet.

- **Agroforstwirtschaft:** Kombination von Bäumen mit Nutzpflanzen oder Vieh fördert die Bodenfruchtbarkeit.

4.3 Klimavorteile der regenerativen Landwirtschaft

Die regenerative Landwirtschaft bietet mehrere Klimavorteile:

- **Kohlenstoffbindung:** Böden können Kohlenstoff als organische Substanz speichern.

- **Emissionsreduktion:** Der Verzicht auf chemische Düngemittel verringert die Emissionen von Lachgas und Methan.

- **Widerstandsfähigkeit gegen Extremwetter:** Gesunde Böden speichern Wasser besser und verbessern die Resilienz gegen Dürren und Überschwemmungen.

4.4 Wiederaufforstung und Waldrestauration

4.4.1 Vorteile der Wiederaufforstung

- **Kohlenstoffsenken:** Wälder speichern große Mengen CO_2 in Holz, Blättern und Böden.

- **Biodiversitätsschutz:** Wälder bieten Lebensräume für eine Vielzahl von Arten.

- **Wasserkreislauf:** Wälder regulieren den Niederschlag und verbessern die Wasserdurchlässigkeit des Bodens.

4.4.2 Wiederaufforstung vs. Aufforstung

- **Wiederaufforstung:** Wiederherstellung entwaldeter Gebiete durch natürliche Regeneration oder Baumpflanzung.

- **Aufforstung:** Anpflanzen von Bäumen in Gebieten, die zuvor keine Wälder waren.

4.4.3 Nachhaltige Wiederaufforstungspraktiken

- **Einheimische Arten pflanzen:** Unterstützt natürliche Ökosysteme.

- **Nachhaltige Bewirtschaftung:** Schutz vor Bränden, Krankheiten und illegaler Abholzung.

- **Gemeinschaftliche Einbindung:** Beteiligung lokaler Gemeinden fördert langfristigen Erfolg.

4.5 Herausforderungen der regenerativen Landwirtschaft und Wiederaufforstung

4.5.1 Kosten und Rentabilität

Die Umsetzung erfordert hohe Anfangsinvestitionen. Subventionen und Zertifizierungen können helfen, Hürden zu überwinden.

4.5.2 Bewusstseinswandel und Schulung

Landwirte, die an intensive Methoden gewöhnt sind, benötigen Schulungen und Ressourcen, um neue Praktiken anzuwenden.

4.5.3 Druck auf landwirtschaftliche Flächen

Der steigende Bedarf an Nahrungsmitteln und kommerziellen Kulturen begrenzt die Möglichkeiten für Wiederaufforstung.

Kapitel-Fazit

Regenerative Landwirtschaft und Wiederaufforstung sind kraftvolle Strategien zur Bekämpfung der globalen Erwärmung und zur Wiederherstellung geschädigter Ökosysteme. Sie bieten Lösungen, die über bloße Emissionsreduktion hinausgehen, indem sie Kohlenstoffbindung, Biodiversitätsschutz und Bodenresilienz integrieren. Doch diese Praktiken allein reichen nicht aus – sie müssen Teil einer umfassenden Strategie sein, die auch Veränderungen in Energie-, Industrie- und Transportsystemen umfasst.

Kapitel 5

Technologien zur Kohlenstoffabscheidung und Strategien zur Kohlenstoffrückgewinnung

Kohlenstoffabscheidung und -speicherung (CCS): Eine Schlüsselstrategie im Kampf gegen den Klimawandel

Kohlenstoffabscheidung und -speicherung (CCS): Eine vielversprechende Lösung zur Bekämpfung der globalen Erwärmung

Die Kohlenstoffabscheidung und -speicherung (CCS) stellt einen vielversprechenden Ansatz zur Minderung der Auswirkungen der globalen Erwärmung dar. Während die Reduzierung von Treibhausgasemissionen (THG) unverzichtbar bleibt, wird zunehmend klar, dass diese Maßnahmen allein nicht ausreichen, um die globalen

Klimaziele zu erreichen. CCS zielt darauf ab, Kohlendioxid (CO_2) entweder vor seinem Eintritt in die Atmosphäre abzufangen oder es aus der Luft zu extrahieren, um es dauerhaft zu speichern oder in nützliche Produkte umzuwandeln.

Dieses Kapitel beleuchtet die Grundlagen, Technologien und Herausforderungen der CCS-Systeme sowie deren potenzielle Anwendungen und Auswirkungen bei der Umsetzung im großen Maßstab.

5.1 Grundlagen der Kohlenstoffabscheidung und -speicherung (CCS)

5.1.1 Arten der Kohlenstoffabscheidung

Kohlenstoffabscheidung kann auf verschiedene Weise erfolgen, je nach Emissionsquelle und eingesetzter Technologie. Die drei Hauptmethoden sind:

- **Nachverbrennung (Post-Combustion Capture):** CO_2 wird aus den Abgasen von Industrieanlagen, wie Kraftwerken, abgeschieden, bevor es in die Atmosphäre gelangt. Diese Methode ist mit bestehenden Anlagen kompatibel und bietet eine kurzfristige Lösung zur Emissionsreduktion.

- **Vorverbrennung (Pre-Combustion Capture):** Kohlenstoff wird vor der Verbrennung aus fossilen Brennstoffen entfernt, indem diese in eine Mischung aus Kohlenmonoxid und Wasserstoff umgewandelt werden. Diese Methode ist effizienter als die Nachverbrennung, aber komplexer und wird häufig in der Wasserstoffproduktion verwendet.

- **Oxyfuel-Verbrennung:** Brennstoffe werden in reinem Sauerstoff verbrannt, wodurch Abgase entstehen, die hauptsächlich aus CO_2 und Wasserdampf bestehen. Durch Kondensation des Wasserdampfs kann CO_2 leicht abgeschieden werden.

5.1.2 Methoden der Kohlenstoffspeicherung

Nach der Abscheidung muss CO_2 sicher und nachhaltig gespeichert werden, um ein Wiedereintreten in die Atmosphäre zu verhindern. Die häufigsten Speicherverfahren umfassen:

- **Geologische Speicherung:** CO_2 wird in tiefe geologische Formationen wie salzhaltige Aquifere, erschöpfte Öl- und Gasfelder oder unabbaubare Kohleflöze injiziert.

- **Nutzung und Speicherung (CCUS):** CO_2 wird als Rohstoff in industriellen Prozessen verwendet, z. B. zur Herstellung von synthetischen Kraftstoffen oder Baustoffen.

- **Biochar und Bodenbindung:** Biochar, eine Form von Kohle, die durch Biomasse-Pyrolyse gewonnen wird, kann in Böden eingebracht werden, um Kohlenstoff langfristig zu speichern und gleichzeitig die Bodenfruchtbarkeit zu verbessern.

5.2 Direkte Luftabscheidung (DAC)

5.2.1 Funktionsweise der direkten Luftabscheidung

DAC-Systeme verwenden Adsorptionsmaterialien oder chemische Lösungsmittel, um CO_2 direkt aus der Atmosphäre zu binden.

5.2.2 Vorteile und Herausforderungen der DAC

- **Vorteile:**

  - Standortflexibilität: DAC-Anlagen können überall installiert werden.

  - Erfassung diffuser Emissionen: DAC eignet sich für schwer erfassbare Quellen wie Fahrzeuge.

- **Herausforderungen:**

  - Hohe Kosten: Derzeitige DAC-Kosten liegen zwischen 100 und 600 USD pro Tonne CO_2.

  - Hoher Energiebedarf: Der Betrieb erfordert erhebliche Energie, idealerweise aus erneuerbaren Quellen.

5.3 Geologische Speicherung von CO_2

5.3.1 Potenzielle Speicherorte

- **Tiefe salzhaltige Aquifere:** Diese Gesteinsformationen enthalten nicht trinkbares Wasser und bieten sichere Bedingungen für die CO_2-Bindung.

- **Erschöpfte Öl- und Gasfelder:** Diese Standorte sind gut erforscht und oft mit bestehenden Infrastrukturen ausgestattet.

- **Unabbaubare Kohleflöze:** CO_2 kann in Kohleflözen durch Adsorption gespeichert werden.

5.3.2 Herausforderungen der geologischen Speicherung

- **Leckagerisiken:** Langfristiges Monitoring ist unerlässlich.

- **Akzeptanz der Bevölkerung:** Umwelt- und Gesundheitsbedenken müssen adressiert werden.

5.4 Technologien zur Nutzung von CO_2 (CCUS)

5.4.1 Anwendungen der CO_2-Nutzung

- **Synthetische Kraftstoffe:** CO_2 kann mit grünem Wasserstoff zu Kraftstoffen umgewandelt werden.

- **Baustoffe:** CO_2 wird in Beton integriert und reduziert so Emissionen im Bausektor.

- **Chemikalien:** CO_2 kann zur Herstellung von Methanol genutzt werden, einem wichtigen Rohstoff.

5.4.2 Vorteile und Grenzen der CO_2-Nutzung

- **Vorteile:** Wirtschaftliche Möglichkeiten und Wertschöpfung aus CO_2.

- **Grenzen:** Viele CO_2-basierte Produkte geben Kohlenstoff nach Gebrauch wieder frei.

5.5 Herausforderungen und Chancen der Kohlenstoffabscheidung

- **Kosten und Finanzierung:** CCS-Technologien sind teuer und erfordern Investitionen.

- **Gesellschaftliche Akzeptanz:** Transparente Regulierung und Risikomanagement sind entscheidend.

- **Integration in Klimastrategien:** CCS darf nicht als Ersatz für Dekarbonisierungsmaßnahmen gesehen werden.

Kapitel-Fazit

Technologien zur Kohlenstoffabscheidung und -speicherung bieten ein mächtiges Instrument zur Bekämpfung der globalen Erwärmung, insbesondere in Sektoren, in denen direkte Emissionsreduzierungen schwierig sind.

Entwicklungen in CCS-Technologien, kombiniert mit angemessenen politischen Maßnahmen und Investitionen, können eine zentrale Rolle beim Erreichen von Netto-Null-Zielen bis 2050 spielen. Im nächsten Kapitel wird untersucht, wie individuelles und gemeinschaftliches Verhalten mit diesen technologischen Ansätzen kombiniert werden kann, um deren Wirkung zu verstärken und eine

widerstandsfähigere, nachhaltige Gesellschaft zu fördern.

Kapitel 6

Kontroversen und Risiken des Geoengineering

Geoengineering: Eine umstrittene Grenze im Kampf gegen den Klimawandel

Geoengineering: Wissenschaftliche Techniken zur Manipulation des Klimas

Geoengineering umfasst wissenschaftliche Ansätze zur Manipulation des Klimas, um die Auswirkungen der globalen Erwärmung abzumildern. Die beiden Hauptansätze des Geoengineering sind das **Management der Sonneneinstrahlung (SRM)** und die **Entfernung von Kohlendioxid (CDR)**. Obwohl Geoengineering potenziell mächtige Mittel zur Reduzierung der globalen Temperaturen und zur Abschwächung von Klimafolgen bietet, wirft es erhebliche ökologische, soziale, ethische und politische Fragen auf.

Dieses Kapitel beleuchtet die verschiedenen Techniken des Geoengineering, ihre Funktionsweisen, möglichen Vorteile sowie Risiken und Kontroversen. Geoengineering ist sowohl ein faszinierendes Versprechen als auch eine besorgniserregende Bedrohung und verdeutlicht die komplexen Dilemmata im Umgang mit dem Klimawandel.

6.1 Arten des Geoengineering

6.1.1 Management der Sonneneinstrahlung (SRM)

Das Management der Sonneneinstrahlung zielt darauf ab, die Menge des Sonnenlichts, die die Erdoberfläche erreicht, zu reduzieren und damit die globale Erwärmung zu verringern. Wichtige SRM-Methoden sind:

- **Stratosphärische Aerosolinjektion:** Diese Technik imitiert die Effekte von Vulkanausbrüchen, indem reflektierende Partikel, wie Sulfate, in die Stratosphäre eingebracht werden. Diese reflektieren einen Teil des Sonnenlichts und verringern so die Energie, die die Erdoberfläche erreicht. Die potenziellen Auswirkungen auf Ökosysteme und die menschliche Gesundheit sind jedoch kaum verstanden.

- **Aufhellung mariner Wolken:** Salzpartikel werden in niedrige Wolken über den Ozeanen eingebracht, um deren Reflexionsvermögen (Albedo) zu erhöhen. Diese Technik ist experimentell, und die langfristigen Auswirkungen auf Niederschläge und Wasserkreisläufe sind unbekannt.

- **Weltraumgestützte Sonnenreflektoren:** Massive Reflektoren im Weltraum sollen einen Teil des Sonnenlichts ablenken, bevor es die Erde erreicht. Diese Methode ist jedoch extrem kostspielig und technologisch herausfordernd.

6.1.2 Entfernung von Kohlendioxid (CDR)

CDR zielt darauf ab, bereits vorhandenes CO_2 aus der Atmosphäre zu entfernen.

- **Aufforstung und Wiederaufforstung:** Diese natürlichen Methoden binden CO_2 durch das Pflanzen von Bäumen. Aufgrund des Flächenbedarfs und der Wachstumszeit der Bäume können diese Techniken jedoch nicht alle aktuellen Emissionen ausgleichen.

- **Bioenergie mit Kohlenstoffabscheidung und -speicherung (BECCS):** Biomasse wird zur Energiegewinnung genutzt, während das freigesetzte CO_2 abgeschieden und gespeichert wird. Dies erfordert jedoch erhebliche Landflächen und könnte mit der Nahrungsmittelproduktion konkurrieren.

- **Ozeanische Alkalinisierung:** Alkalische Substanzen werden in die Ozeane eingebracht, um deren CO_2-

Aufnahmekapazität zu erhöhen. Die ökologischen Auswirkungen sind jedoch unklar.

- **Direkte Luftabscheidung (DAC):** Industrielle Geräte extrahieren CO_2 direkt aus der Luft. Diese Technik ist vielversprechend, jedoch teuer und energieintensiv.

6.2 Potenzielle Vorteile des Geoengineering

6.2.1 Schnelle Reduktion globaler Temperaturen

SRM-Techniken wie die stratosphärische Aerosolinjektion könnten globale Temperaturen innerhalb weniger Jahre senken und kurzfristige Katastrophen wie extreme Hitzewellen oder Dürren verhindern.

6.2.2 Letzter Ausweg

Geoengineering wird oft als letzte Lösung angesehen, wenn THG-Reduktionsmaßnahmen nicht ausreichen, um die globale Erwärmung zu begrenzen.

6.2.3 Ergänzung zu Emissionsreduktionen

Geoengineering sollte nicht als Ersatz für Emissionsreduktionen betrachtet werden, könnte aber kurzfristige Klimafolgen mildern.

6.3 Umweltbedrohungen durch Geoengineering

6.3.1 Störung von Klimamustern und Niederschlägen

Techniken wie die stratosphärische Aerosolinjektion könnten Niederschlagsmuster stören und in einigen Regionen Dürren oder Überschwemmungen verschärfen.

6.3.2 Versauerung der Ozeane und Störung mariner Ökosysteme

Methoden wie die ozeanische Alkalinisierung könnten empfindliche Meeresorganismen schädigen.

6.3.3 Schaffung von Klimakonfliktzonen

Geoengineering könnte geopolitische Konflikte verursachen, wenn eine Nation durch SRM das Klima verändert und dabei Nachbarländer negativ beeinflusst.

6.4 Ethische Kontroversen des Geoengineering

6.4.1 "Lizenz zum Verschmutzen"

Geoengineering könnte als Ausrede dienen, um notwendige Dekarbonisierungsmaßnahmen hinauszuzögern.

6.4.2 Verantwortung und Klimagerechtigkeit

Die am meisten gefährdeten Länder könnten die Hauptlast der Nebenwirkungen von Geoengineering tragen.

6.4.3 Moralische Grenzen der Naturmanipulation

Kritiker sehen Geoengineering als eine Form von "technologischer Hybris", die moralische Grenzen überschreitet.

6.5 Governance und internationale Regulierung des Geoengineering

6.5.1 Abkommen und internationale Vereinbarungen

Es gibt derzeit keinen klaren internationalen Rahmen zur Regulierung von Geoengineering. Ein umfassendes

Abkommen ist notwendig, um eine sichere und ethische Nutzung zu gewährleisten.

6.5.2 Transparenz und öffentliche Beteiligung

Geoengineering muss transparent entwickelt werden. Öffentliche Konsultationen sind entscheidend, um politische Spannungen zu reduzieren und die Akzeptanz zu fördern.

6.6 Forschung zu Geoengineering und Alternativen

6.6.1 Förderung der Forschung ohne voreilige Umsetzung

Forschung ist notwendig, um die Auswirkungen und Grenzen von Geoengineering besser zu verstehen.

6.6.2 Investitionen in Alternativen zum Geoengineering

Effektive Emissionsreduktionen, erneuerbare Energien und regenerative Praktiken bleiben essenziell, um den Klimawandel ohne drastische Eingriffe zu bekämpfen.

Kapitel-Fazit

Geoengineering ist ein komplexes Thema, das sowohl Chancen als auch erhebliche Risiken birgt. Internationale Forschung und Regulierung sind entscheidend, um sicherzustellen, dass Geoengineering verantwortungsvoll entwickelt wird.

Letztlich könnte Geoengineering als letzter Ausweg in Betracht gezogen werden, sollte jedoch nicht die notwendigen Bemühungen zur Reduktion von Emissionen und zur Förderung nachhaltiger Lebensweisen ersetzen.

Kapitel 7

Mobilisierung von Einzelpersonen und Schaffung einer Kultur der Resilienz

Klimawandel: Individuelle Handlungen und der Aufbau einer Resilienzkultur

Der Klimawandel ist eine globale Herausforderung, die Maßnahmen aller Gesellschaftssektoren erfordert. Während Regierungen und Unternehmen zentrale Rollen bei der Reduzierung von Treibhausgasemissionen (THG) und der Einführung nachhaltiger Praktiken spielen, sind die Mobilisierung von Einzelpersonen und die Förderung einer

Resilienzkultur entscheidend, um eine nachhaltigere und anpassungsfähigere Zukunft zu gestalten. Dieses Kapitel untersucht, wie Einzelpersonen zum Klimaschutz beitragen können, wie persönliche Handlungen eine kollektive Resilienzkultur fördern können und welche Rolle Gemeinschaften, Bildung, soziale Innovationen und Alltagsgewohnheiten dabei spielen.

7.1 Die Kraft individueller Handlungen verstehen

7.1.1 Der Einfluss individueller Handlungen auf THG-Emissionen

Individuelle Handlungen machen im Vergleich zu großen Industrien und nationalen Infrastrukturen einen relativ kleinen Anteil der globalen THG-Emissionen aus, sind jedoch nicht unbedeutend. Aggregierte Entscheidungen im Alltag beeinflussen die globalen Emissionen erheblich:

- Transport: Die Wahl zwischen Auto, öffentlichem Verkehr, Flugreisen oder landbasierten Alternativen beeinflusst die Emissionen direkt. Ein einziger transatlantischer Flug verursacht pro Passagier Tonnen von CO_2.

- Ernährung: Die Produktion von Fleisch und Milchprodukten ist besonders emissionsintensiv. Eine pflanzenbasierte oder lokal bezogene Ernährung reduziert den persönlichen CO_2-Fußabdruck erheblich.

- Wohnen: Maßnahmen wie bessere Isolierung, erneuerbare Energiequellen und die Reduzierung des Energieverbrauchs für Heizung oder Kühlung beeinflussen die Emissionen eines Haushalts direkt.

7.1.2 Individuelle und kollektive Verantwortung

Persönliches Engagement wird oft als unzureichend kritisiert, um ein so großes Problem wie den Klimawandel zu bewältigen. Jedoch können persönliche Handlungen als Katalysator für systemischen Wandel dienen:

- **Nachhaltiger Konsum:** Eine erhöhte Nachfrage nach umweltfreundlichen Produkten zwingt Unternehmen, grünere Praktiken zu übernehmen.

- **Umweltbewegungen:** Aktive Teilnahme an Bewegungen setzt politischen Druck auf Entscheidungsträger und fördert ehrgeizige Klimamaßnahmen.

7.2 Gewohnheiten ändern und den persönlichen CO_2-Fußabdruck reduzieren

7.2.1 Energieverbrauch reduzieren

Einfache Maßnahmen zur Verringerung des Energieverbrauchs:

- **Bessere Isolierung:** Reduziert Heiz- und Kühlbedarf.

- **Erneuerbare Energie:** Wechsel zu grünen Anbietern oder Installation von Solarmodulen.

- **Energiespargeräte:** LED-Beleuchtung und energieeffiziente Haushaltsgeräte sparen Strom.

7.2.2 Nachhaltiger Transport

Der Transportsektor ist ein Hauptverursacher von THG-Emissionen. Nachhaltige Entscheidungen:

- **Öffentliche Verkehrsmittel nutzen:** Emissionen pro Person werden im Vergleich zu Autos deutlich reduziert.

- Aktiver Transport: Zu Fuß gehen, Fahrrad fahren oder kurze Strecken mit Elektrofahrzeugen zurücklegen.

- Flugreisen reduzieren: Insbesondere Kurzstreckenflüge vermeiden.

7.2.3 Ökologisch bewusste Ernährung

Nachhaltige Ernährungsgewohnheiten können den Einfluss der Landwirtschaft auf den Klimawandel verringern:

- Weniger Fleisch essen: Insbesondere der Verzicht auf Rindfleisch senkt Methanemissionen.

- Lokale und saisonale Produkte wählen: Reduziert Transportemissionen und Ressourcenverbrauch.

- Lebensmittelverschwendung vermeiden: Planung, richtige Lagerung und Nutzung von Resten minimieren Abfälle.

7.3 Gemeinschaftsmobilisierung und kollektive Stärke

7.3.1 Ökologische Gemeinschaften schaffen

Gemeinschaften verstärken individuelle Bemühungen. Initiativen wie Gemeinschaftsgärten, Nachbarschaftskompostierung und gegenseitige Hilfsnetzwerke fördern Solidarität und Widerstandsfähigkeit.

7.3.2 Politischen Druck ausüben

Kollektive Aktionen wie Klimastreiks und Proteste setzen Regierungen unter Druck, ehrgeizige Klimapolitiken umzusetzen.

7.4 Bildung und Bewusstseinsbildung zur Klimakrise

7.4.1 Umweltbildung für die Jugend

Bildung zu Klimawandel und Nachhaltigkeit bereitet zukünftige Generationen auf die Herausforderungen vor. Schulgärten, Umweltclubs und Bürgerwissenschaftsprojekte fördern ökologisches Bewusstsein.

7.4.2 Rolle der Medien und sozialen Netzwerke

Medien und soziale Plattformen spielen eine zentrale Rolle bei der Aufklärung über Klimafragen. Virale Kampagnen und digitale Aktivisten inspirieren Millionen und fördern Verhaltensänderungen.

7.5 Förderung sozialer Innovation und Kreislaufwirtschaft

7.5.1 Die Kreislaufwirtschaft als Modell für nachhaltigen Konsum

Die Kreislaufwirtschaft minimiert Abfälle durch Recycling, Reparatur und Wiederverwendung.

7.5.2 Sharing- und Kooperationsinitiativen

Plattformen wie Werkzeugbibliotheken und Carpooling fördern Ressourcenteilung und stärken soziale Bindungen.

7.6 Hin zu einer Resilienzkultur

7.6.1 Resilientes Denken entwickeln

Resilienz erfordert Anpassung und die Bereitschaft, auf Klimastörungen zu reagieren.

7.6.2 Solidarität als Säule der Gemeinschaftsresilienz

Gemeinschaften, die Solidarität und Kooperation fördern, sind besser auf Klimakrisen vorbereitet.

Kapitel-Fazit

Die Mobilisierung von Einzelpersonen und der Aufbau einer Resilienzkultur sind essenziell im Kampf gegen den Klimawandel. Individuelle Handlungen legen den Grundstein für Verhaltensänderungen, beeinflussen Unternehmensentscheidungen und stärken die Gemeinschaftsresilienz.

Der Übergang zu einer nachhaltigen Zukunft erfordert kollektive Mobilisierung, bei der Einzelpersonen, Familien und Gemeinschaften zu einer Kultur beitragen, die Nachhaltigkeit, Solidarität und Resilienz wertschätzt. Im nächsten Kapitel werden internationale Maßnahmen und politische Verpflichtungen untersucht, die diese kollektiven Bemühungen ergänzen und eine Welt schaffen können, die den Klimaherausforderungen des 21. Jahrhunderts gerecht wird.

Kapitel 8

Die Transformation der Weltwirtschaft und die Kreislaufwirtschaft

Transformation der Weltwirtschaft: Aufbau einer zirkulären und nachhaltigen Zukunft

Die Transformation der globalen Wirtschaft: Der Übergang zur Kreislaufwirtschaft

Die Transformation der globalen Wirtschaft ist ein zentraler Bestandteil im Kampf gegen den Klimawandel. Unser derzeitiges Wirtschaftssystem, das auf Ressourcengewinnung, intensiver Produktion, Massenkonsum und Entsorgung basiert, trägt erheblich zur Umweltzerstörung und zu Treibhausgasemissionen (THG) bei. Um eine nachhaltige und widerstandsfähige Wirtschaft aufzubauen, müssen wir überdenken, wie wir Ressourcen produzieren, konsumieren und bewerten.

Die Kreislaufwirtschaft bietet ein alternatives Modell, das vom linearen System („Gewinnen, Produzieren, Konsumieren, Entsorgen") zu einem geschlossenen Kreislauf übergeht, in dem Materialien und Produkte wiederverwendet, repariert und recycelt werden, um ihren Lebenszyklus zu verlängern. Dieses Kapitel untersucht die notwendigen wirtschaftlichen Transformationen, die Prinzipien und Praktiken der Kreislaufwirtschaft sowie die potenziellen ökologischen, sozialen und wirtschaftlichen Vorteile dieses Übergangs.

8.1 Die Grenzen der linearen Wirtschaft

8.1.1 Intensive Ressourcengewinnung

Die lineare Wirtschaft basiert stark auf der intensiven Gewinnung natürlicher Ressourcen wie Mineralien, fossiler Brennstoffe, Holz und Wasser. Diese massive Ausbeutung hat verheerende Umweltfolgen, darunter:

- Zerstörung von Ökosystemen und Verlust der Biodiversität.

- Luft- und Wasserverschmutzung sowie Erschöpfung von Ressourcen.

Der zunehmende Mangel an essenziellen Ressourcen wie Öl, seltenen Metallen und Süßwasser führt zu geopolitischen Spannungen und Konflikten.

8.1.2 Abfallproduktion und -management

Die lineare Wirtschaft erzeugt enorme Abfallmengen, von denen ein großer Teil auf Deponien oder in den Ozeanen landet. Kunststoffe, die in vielen Sektoren verwendet werden, werden nur zu etwa 9 % recycelt, während der Rest verbrannt, deponiert oder in der Umwelt entsorgt wird.

- Deponien stoßen Methan aus, ein starkes THG.

- Plastikverschmutzung bedroht marine Ökosysteme und die menschliche Gesundheit.

8.1.3 Konsum- und Wegwerfkultur

Eine Kultur des Massenkonsums und der Verschwendung treibt die lineare Wirtschaft an. Schnelllebige Konsumtrends und Werbeanreize ermutigen Menschen, Produkte häufig zu kaufen und auszutauschen.

Die **Fast-Fashion-Industrie** ist ein Paradebeispiel für diese Kultur: Billige, massenproduzierte Kleidung wird oft nach wenigen Anwendungen entsorgt, was enorme Textilabfälle und THG-Emissionen verursacht.

8.2 Prinzipien und Ziele der Kreislaufwirtschaft

Die Kreislaufwirtschaft zielt darauf ab, den Ressourcenverbrauch, Abfälle und Emissionen zu reduzieren, indem Wiederverwendung, Recycling und Abfallvermeidung in Produktion und Konsum integriert werden.

8.2.1 Gestaltung langlebiger und reparierbarer Produkte

Produkte sollten robust und leicht reparierbar sein. Elektronik mit austauschbaren Komponenten oder modulare Möbel verlängern den Produktlebenszyklus und reduzieren den Ressourcenbedarf.

8.2.2 Wiederverwendung und Zweitnutzung von Produkten

Produkte werden so gestaltet, dass sie wiederverwendet werden können. Unternehmen, die gebrauchte Elektronik aufbereiten oder Second-Hand-Kleidung verkaufen, bieten nachhaltige Alternativen zum Neukauf.

8.2.3 Recycling und Abfallverwertung

Recycling verwandelt Abfälle in neue Rohstoffe. Materialien wie Metalle, Glas und Kunststoffe können mehrfach recycelt werden, wodurch der Bedarf an Primärrohstoffen sinkt.

8.2.4 Innovative Geschäftsmodelle: Die funktionale Wirtschaft

Die Kreislaufwirtschaft fördert Geschäftsmodelle, die auf Funktionalität statt Besitz basieren, z. B. Miet- oder Abonnementmodelle für Elektronik, Kleidung oder Fahrzeuge.

8.3 Ökologische und gesellschaftliche Vorteile der Kreislaufwirtschaft

8.3.1 Reduzierung des Drucks auf natürliche Ressourcen

Durch längere Produktlebenszyklen und Materialrückgewinnung sinkt der Bedarf an Rohstoffen, was Umweltzerstörung und Ressourcenknappheit verringert.

8.3.2 Senkung der THG-Emissionen

Recycling reduziert die Emissionen erheblich. Beispielsweise spart das Recycling von Aluminium bis zu 95 % der Energie, die zur Herstellung neuen Aluminiums erforderlich ist.

8.3.3 Schaffung lokaler Arbeitsplätze und nachhaltiges Wirtschaftswachstum

Die Kreislaufwirtschaft schafft Arbeitsplätze in den Bereichen Recycling, Reparatur und Materialverarbeitung. Initiativen wie Reparaturwerkstätten stärken lokale Wirtschaften und fördern spezialisierte Fähigkeiten.

8.4 Initiativen und Beispiele der Kreislaufwirtschaft

8.4.1 Städte und Gemeinden im Übergang

- **Amsterdam:** Ziel, bis 2050 vollständig zirkulär zu sein, mit modularen Bauprojekten und umfassendem Recycling.

- **San Francisco:** Ziel der Null-Abfall-Strategie mit 100 % Recyclingquote.

8.4.2 Nachhaltige Mode und Second-Hand-Märkte

- **Nachhaltige Modemarken:** Patagonia und Eileen Fisher setzen auf langlebige, umweltfreundliche Kleidung.

- **Second-Hand-Plattformen:** Vinted, ThredUp und Rent the Runway fördern Wiederverwendung und Vermietung.

8.4.3 Reparatur- und Aufbereitungsmodelle

- **Reparaturcafés:** Bürger reparieren kostenlos ihre Geräte, reduzieren Abfälle und fördern Gemeinschaft.

- **Refurbished Electronics:** Unternehmen wie Back Market verkaufen aufbereitete Elektronik, um Elektroschrott zu verringern.

8.5 Herausforderungen und Hürden der Kreislaufwirtschaft

8.5.1 Technologische und wirtschaftliche Einschränkungen

Recyclingtechnologien sind oft kostspielig, und nicht alle Materialien können unbegrenzt recycelt werden. Produkte sind oft nicht für einfache Demontage ausgelegt, was Recycling erschwert.

8.5.2 Kultureller Widerstand und Verhaltensänderungen

Die Konsum- und Eigentumskultur ist tief verwurzelt. Es ist herausfordernd, Menschen davon zu überzeugen, Miete, Reparatur oder Second-Hand-Käufe zu priorisieren.

8.5.3 Regulierung und politische Herausforderungen

Politische Anreize, Subventionen und Regulierungen sind notwendig, um Unternehmen und Verbraucher zu nachhaltigem Verhalten zu ermutigen.

Kapitel-Fazit

Die Transformation der globalen Wirtschaft in ein zirkuläres Modell ist ein notwendiger Paradigmenwechsel, um

Klimaschutz- und Umweltziele zu erreichen. Durch die Einführung der Prinzipien der Kreislaufwirtschaft können THG-Emissionen gesenkt, natürliche Ressourcen geschont und nachhaltige Arbeitsplätze geschaffen werden.

Dieser Übergang erfordert eine engagierte Zusammenarbeit von Regierungen, Unternehmen und Einzelpersonen. Im nächsten Kapitel wird untersucht, wie globale Governance und internationale Zusammenarbeit notwendig sind, um diese Bemühungen zu koordinieren und eine nachhaltige Zukunft auf globaler Ebene zu schaffen.

Kapitel 9

Auf dem Weg zu einer globalen Klimapolitik

Globale Klimapolitik: Der Weg in eine nachhaltige Zukunft

Globale Klimagovernance: Eine gemeinsame Antwort auf die Klimakrise

Die Klimakrise ist ein globales Problem, das Grenzen sowie kulturelle, soziale und wirtschaftliche Unterschiede überschreitet. Angesichts der potenziell verheerenden Folgen der globalen Erwärmung ist die Notwendigkeit einer effektiven globalen Klimagovernance dringlicher denn je. Kein einzelnes Land kann dieses Problem allein lösen. Die Bewältigung der Klimaherausforderungen erfordert internationale Koordination und Zusammenarbeit zwischen Regierungen, Unternehmen, der Zivilgesellschaft und globalen Bürgern.

Globale Klimagovernance umfasst Mechanismen, Abkommen und Institutionen, die internationale Bemühungen zur Eindämmung des Klimawandels und zur Anpassung an seine Auswirkungen steuern. Dieses Kapitel beleuchtet die Grundlagen einer effektiven Klimagovernance, die Hindernisse für ihre Umsetzung sowie Beispiele aktueller internationaler Initiativen. Darüber hinaus werden notwendige Reformen und Innovationen erörtert, um

Governance-Systeme besser auf die Herausforderungen des 21. Jahrhunderts auszurichten.

9.1 Grundlagen der globalen Klimagovernance

9.1.1 Prinzipien der Klimagovernance

Globale Klimagovernance basiert auf zentralen Prinzipien:

- **Gemeinsame, aber differenzierte Verantwortung (CBDR):** Alle Länder tragen die Verantwortung für den Klimaschutz, aber entwickelte Länder, die historisch die Hauptemittenten von THG sind, sollen einen größeren Beitrag leisten und Entwicklungsländer unterstützen.

- **Gerechtigkeit und Klimagerechtigkeit:** Klimagerechtigkeit fordert eine faire Verteilung der Anstrengungen und Ressourcen, insbesondere für Länder, die am stärksten betroffen, aber am wenigsten verantwortlich sind.

- **Vorsorge und Prävention:** Das Vorsorgeprinzip fordert, jetzt Maßnahmen zu ergreifen, um katastrophale Folgen zu vermeiden, auch wenn nicht alle Auswirkungen des Klimawandels sicher vorhersehbar sind.

- **Transparenz und Verantwortlichkeit:** Klimagovernance erfordert transparente Verpflichtungen und Fortschrittsberichte der Nationen sowie Mechanismen zur Überprüfung und Einhaltung von Maßnahmen.

9.1.2 Wichtige Akteure der Klimagovernance

- **Staaten und Regierungen:** Hauptakteure, die nationale Ziele setzen, Abkommen unterzeichnen und Klimapolitiken umsetzen.

- **Internationale Organisationen:** Institutionen wie die UN, der IWF und die Weltbank koordinieren Klimamaßnahmen und finanzieren Initiativen.

- **Nichtregierungsorganisationen (NGOs):** Überwachen die Einhaltung von Verpflichtungen, setzen sich für Politikänderungen ein und unterstützen betroffene Gemeinschaften.

- **Privatsektor:** Unternehmen, insbesondere in den Bereichen Energie, Industrie und Verkehr, spielen eine Schlüsselrolle bei der Emissionsreduktion und der Investition in saubere Technologien.

- **Bürger und soziale Bewegungen:** Bewegungen wie Fridays for Future und Extinction Rebellion setzen Regierungen unter Druck und fördern ehrgeizige Klimapolitiken.

9.2 Wichtige Instrumente und internationale Abkommen

9.2.1 Das Pariser Abkommen

Das 2015 unterzeichnete Pariser Abkommen ist das ambitionierteste internationale Abkommen zur Bekämpfung des Klimawandels. Ziele:

- Begrenzung der globalen Erwärmung auf unter 2 °C, idealerweise 1,5 °C.

- Nationale Beiträge (NDCs), die alle fünf Jahre überprüft werden.

- Mobilisierung von mindestens 100 Milliarden USD jährlich für Entwicklungsländer.

9.2.2 Das Kyoto-Protokoll

Das 1997 verabschiedete Kyoto-Protokoll setzte erstmals rechtsverbindliche Emissionsziele für Industrieländer. Es war ein Meilenstein, offenbarte jedoch Schwächen wie fehlende Teilnahme wichtiger Emittenten und nicht ratifizierende Staaten.

9.2.3 Die UN-Klimarahmenkonvention (UNFCCC)

Die 1992 auf dem Erdgipfel in Rio gegründete UNFCCC bildet die Grundlage für internationale Klimaverhandlungen.

9.2.4 Der Europäische Green Deal

Der Europäische Green Deal strebt bis 2050 Klimaneutralität an. Initiativen umfassen Emissionsreduktionen, den Ausbau erneuerbarer Energien, die Förderung der Kreislaufwirtschaft und den Schutz der Biodiversität.

9.3 Hindernisse für die globale Klimagovernance

9.3.1 Unterschiedliche Interessen und Prioritäten

Entwicklungsländer fordern mehr „Kohlenstoffraum" für ihr Wachstum, während entwickelte Länder strikte Reduktionen priorisieren.

9.3.2 Mangel an Klimafinanzierung

Die zugesagten 100 Milliarden USD jährlich sind bisher unzureichend realisiert worden.

9.3.3 Schwache Überwachungs- und Durchsetzungsmechanismen

Ohne Sanktionen können Staaten ihre Verpflichtungen nicht einhalten, was die Glaubwürdigkeit der Governance untergräbt.

9.3.4 Wirtschaftliche und Lobbydruck

Fossile Industrien und andere Interessengruppen beeinflussen politische Entscheidungen und verlangsamen Reformen.

9.4 Reformen und Innovationen für eine effektive Klimagovernance

9.4.1 Einrichtung eines Internationalen Klima-Gerichts

Ein Klima-Gericht könnte Verstöße gegen Verpflichtungen ahnden und die Verantwortung der Staaten stärken.

9.4.2 Stärkung von Transparenz- und Kontrollmechanismen

Unabhängige Institutionen zur Überprüfung staatlicher Klimamaßnahmen könnten das Vertrauen stärken.

9.4.3 Förderung regionaler und transnationaler Allianzen

Regionale Allianzen und städtische Netzwerke beschleunigen Maßnahmen und erleichtern den Ressourcenaustausch.

9.4.4 Einführung einer globalen CO_2-Steuer

Eine globale CO_2-Steuer würde Emissionsreduktionen fördern und Mittel für Klimamaßnahmen generieren.

9.4.5 Integration der Bürgerbeteiligung

Bürgerbeteiligung durch Klimaversammlungen könnte die Legitimität und Inklusivität der Governance erhöhen.

9.5 Ergänzende Innovationen und Initiativen

9.5.1 Rolle von Technologie und Innovation

Blockchain-Technologie und KI können Transparenz und Effizienz in Klimadaten und -finanzierungen verbessern.

9.5.2 Stärkung globaler Bildung und Bewusstseinsbildung

Bildungskampagnen und Umweltunterricht fördern das öffentliche Bewusstsein und die Unterstützung für ambitionierte Klimapolitiken.

9.5.3 Entwicklung neuer Fortschrittsindikatoren

Neue Indikatoren wie ein „klimabereinigter Human Development Index" könnten ökologische Aspekte besser abbilden.

Kapitel-Fazit

Der Aufbau einer globalen Klimagovernance ist ein komplexer, aber unverzichtbarer Schritt hin zu einer nachhaltigen Zukunft. Internationale Initiativen wie das Pariser Abkommen zeigen, dass Zusammenarbeit möglich ist.

Reformen und Innovationen sind jedoch notwendig, um die Herausforderungen des 21. Jahrhunderts zu bewältigen. Nur durch starke globale Koordination, mehr Transparenz und Klimagerechtigkeit kann eine Governance entstehen, die die Rechte und Bedürfnisse der am stärksten gefährdeten Bevölkerungsgruppen berücksichtigt.

Abschluss

Auf dem Weg in eine vernünftige und belastbare Zukunft

Klimawandel: Ein Aufruf zum Aufbau einer nachhaltigen und belastbaren Zukunft

Klimawandel: Der Weg in eine widerstandsfähige und nachhaltige Zukunft

Der Klimawandel ist die zentrale Herausforderung unserer Zeit, die jeden Aspekt des menschlichen Lebens betrifft: Ökosysteme, Wirtschaft, Gesellschaft, Gesundheit und Sicherheit. Die Entscheidungen, die wir heute treffen, bestimmen nicht nur die Lebensqualität zukünftiger Generationen, sondern auch das Überleben unzähliger Arten und die Stabilität unseres Planeten.

Dieser Abschluss fasst die wichtigsten Ideen der vorherigen Kapitel zusammen und skizziert die notwendigen Schritte, um eine vernünftige und widerstandsfähige Zukunft zu gestalten — eine, in der die Menschheit im Einklang mit der Umwelt lebt und Gesellschaften stark genug sind, bevorstehende Herausforderungen zu bewältigen.

1. Das Entwicklungsmodell neu definieren: Nachhaltiger und ausgewogener Wohlstand

Das auf endlosem Wirtschaftswachstum basierende Modell unserer Zivilisation hat sich in einer Welt mit begrenzten Ressourcen als unhaltbar erwiesen. Um eine nachhaltige Zukunft zu schaffen, müssen wir dieses Modell neu definieren und auf Nachhaltigkeit und Ausgewogenheit gründen.

1.1 Regenerative und Kreislaufwirtschaft

Die Kreislaufwirtschaft, die auf Wiederverwendung, Recycling und Abfallreduzierung setzt, bietet ein alternatives Modell, um den Druck auf natürliche Ressourcen zu verringern. Sie geht jedoch einen Schritt weiter, indem sie regenerative

Praktiken wie Landwirtschaft, Aufforstung und Ökosystemwiederherstellung integriert, um Schäden der Vergangenheit zu reparieren und eine nachhaltige Zukunft zu fördern.

1.2 Selektives Schrumpfen und freiwillige Einfachheit

Das Konzept der Degrowth (Wachstumskritik) bedeutet nicht zwangsläufig eine Absenkung des Lebensstandards, sondern eine Neubewertung dessen, was wirklich notwendig ist. Sektoren, die auf fossilen Brennstoffen oder Einwegprodukten basieren, müssen schrumpfen oder sich radikal wandeln. Gleichzeitig können Bereiche wie erneuerbare Energien, Bildung und Gesundheitswesen wachsen, um Lebensqualität und gesellschaftliche Resilienz zu stärken.

2. Resilienz aufbauen: Vorbereitung auf klimatische und soziale Schocks

Resilienz — die Fähigkeit, mit Schocks umzugehen, sich anzupassen und sich zu erholen — ist unverzichtbar, um klimatischen und ökologischen Krisen zu begegnen.

2.1 Resiliente und flexible Infrastruktur entwickeln

Zukünftige Infrastrukturprojekte müssen klimabedingten Belastungen wie Überschwemmungen, Hitzewellen und Stürmen standhalten. Grüne Gebäude, dezentrale Energiesysteme und widerstandsfähige Verkehrssysteme schützen Gemeinden und minimieren Klimafolgen.

2.2 Ernährungssysteme stärken

Nachhaltige landwirtschaftliche Praktiken, lokale Lebensmittelproduktion und der Schutz traditioneller

Saatgutsorten sind entscheidend, um Ernährungssicherheit trotz klimatischer Unsicherheiten zu gewährleisten.

3. Soziale und kulturelle Transformation: Bildung und Gemeinschaftsengagement

Bildung und Engagement fördern Verantwortungsbewusstsein und kollektive Handlungen.

3.1 Bildung für eine nachhaltige Welt

Umweltbildung sollte von klein auf beginnen und in Lehrpläne integriert werden, um Bewusstsein für individuelle und kollektive Auswirkungen auf das Klima zu schaffen.

3.2 Gemeinschaften für kollektive Resilienz stärken

Starke und vereinte Gemeinschaften mobilisieren lokale Ressourcen, fördern Zusammenarbeit und stärken die

Anpassungsfähigkeit. Initiativen wie Nachbarschaftsnetzwerke oder Klimabewegungen fördern gegenseitige Hilfe und Solidarität.

4. Faire und inklusive Governance für den Übergang

4.1 Gerechte Übergangspolitik umsetzen

Regierungen müssen Arbeiter und Gemeinschaften, die von der Transformation fossiler Industrien betroffen sind, durch Umschulungen und Investitionen unterstützen, um soziale Ungerechtigkeiten zu vermeiden.

4.2 Klimagovernance und internationale Zusammenarbeit stärken

Verstärkte globale Kooperation ist unerlässlich. Mechanismen wie das Pariser Abkommen müssen durch strengere

Überwachungsmechanismen, ausreichende Klimafinanzierung und Programme für die am stärksten betroffenen Regionen ergänzt werden.

5. Forschung und Innovation: Den Weg zu einer kohlenstoffarmen Zukunft ebnen

5.1 Investitionen in erneuerbare Energien und Speichertechnologien

Solar-, Wind- und Wasserstofftechnologien bilden das Rückgrat der Energiewende. Fortschritte in Speichertechnologien und Smart Grids sind entscheidend, um die Abhängigkeit von fossilen Brennstoffen zu verringern.

5.2 Erforschung nachhaltiger Materialien fördern

Ökologische Materialien wie biologisch abbaubare Kunststoffe und recycelte Baustoffe können Emissionen und Industrieabfälle erheblich reduzieren.

Schlussfolgerung: Ein Aufruf zum Handeln

Der Aufbau einer widerstandsfähigen und nachhaltigen Zukunft erfordert systemische Veränderungen in Wirtschaft, Gesellschaft, Verhalten und Technologie.

Dieser Weg wird nicht einfach sein und verlangt Opfer, Kompromisse und beispiellose globale Zusammenarbeit. Doch das Versprechen einer Welt, in der die Menschheit harmonisch mit dem Planeten koexistiert, ist ein Ziel, das es wert ist, verfolgt zu werden.

Ein widerstandsfähiger Planet ist ein Planet der Gerechtigkeit, Solidarität und des Respekts vor der

Umwelt. Gemeinsam — als Individuen, Gemeinschaften, Regierungen und internationale Organisationen — können wir eine Welt schaffen, in der zukünftige Generationen in gesunden Ökosystemen gedeihen und die Menschheit innerhalb der Grenzen unseres Planeten lebt.

www.ingramcontent.com/pod-product-compliance
Lightning Source LLC
Chambersburg PA
CBHW052327220526
45472CB00001B/313